Jetzt mach' ich's selbst!

Balkon & Terrasse

Möbel, Pflanzentöpfe
und Dekoratives

Liebe Leserin, lieber Leser,

vor allem im Sommer dienen Terrasse und Balkon oft als zweites Wohnzimmer: Bei schönem Wetter möchte man jede freie Minute mit Blick auf die Natur verbringen. Da ist es verständlich, dass man den Platz im Freien ansprechend gestalten und mit ein wenig Komfort ausstatten möchte. Nicht alles, was dafür gebraucht wird, gibt es fertig zu kaufen. Aber man kann Praktisches und Dekoratives, Möbel oder nützliche Helfer problemlos selbst bauen. Dafür haben wir hier eine Reihe detaillierter Anleitungen zusammengestellt. Die meisten davon lassen sich auch von weniger geübten Heimwerkerinnen und Heimwerkern nachvollziehen. Sie werden sehen: Das macht Spaß, und mit ein wenig Übung sind Sie auch für die anspruchsvolleren Projekte gerüstet.

Viel Freude und Erfolg wünscht
Ihre Redaktion

Inhalt

Gartenbank aus Beton und Holz

Klingt sehr massiv, ist aber ganz leicht: Die Stützen der Bank bestehen aus Porenbeton. Dieses Material lässt sich einfach bearbeiten und handhaben.

Material (Maße in mm)
- 8 Porenbeton-Plansteine 625 x 200 x 115.
- Eiche-Leimholz, 40 dick: Sitzplatte 1200 x 400, 2 Aufdoppelungen 1200 x 35, 2 Auflager 200 x 250.
- 8 Sechskantschrauben 8 x 120 mit Scheiben, 8 12er-Dübel, Spanplatten-schrauben, Montagekleber.
- Handkreissäge, Bohr-maschine, Bohrständer, Akkuschrauber, Poren-betonsäge.

Porenbeton ist ein sehr angenehm zu verarbeitendes Material: Es ist leicht und lässt sich problemlos in Form bringen. Für den Zuschnitt verwendet man eine Porenbeton-Handsäge, ein ausgemusterter Fuchsschwanz eignet sich aber auch. Oberflächen und Kanten können Sie schleifen, mehrere Steine mit Montagekleber verbinden.
Die hölzerne Sitzfläche ist sehr schlicht gestaltet und nicht allzu konstruiert. Beim Bau kommt es vor allem auf Genauigkeit an, wenn die Holzteile zugeschnitten und die Bohrungen eingebracht werden. Die vorne und hinten längs am Sitzbrett befestigten Aufdoppelungen dienen dazu, den Sitz dicker und massiver erscheinen zu lassen – das 40 mm dicke Sitzbrett würde sonst im Verhältnis zu den massiven Stützen zu dünn und damit unharmonisch wirken.
Wir haben für die Bank Eichenholz verwendet. Es ist von Natur aus schon sehr witterungsbeständig. Um Maserung und Farbe der Oberfläche möglichst lange zu erhalten, wird das Holz mit wetterfestem Bootslack gestrichen. Bringen Sie dazu erst eine farblose Grundierung auf und streichen dann mehrere dünne Schichten Bootslack – dabei jede Schicht nach dem Trocknen leicht anschleifen.

1

Zunächst schneidet man die Aufdoppelungen von der Leimholzplatte ab. Besitzt man keine Kreissäge, kann das auch der Holzhändler erledigen.

2

Befestigen Sie die Leisten mit PU-Kleber unter dem Brett und spannen Sie das Ganze bis zum Aushärten ein. Austretenden Kleber nachher entfernen.

3

Hier die Auflagebretter für die Befestigung auf dem Porenbeton. Bohren Sie hier erst Sacklöcher für die Sechskantschrauben 8 x 120 mm.

4

In der Mitte der Sacklöcher bohrt man dann in 8 mm Durchmesser bis zur anderen Seite durch.

5

Gegenüber werden durchgehende Bohrungen für die Spanplatten eingebracht, die die Bank mit den Auflagebrettern verbinden (Bild 12).

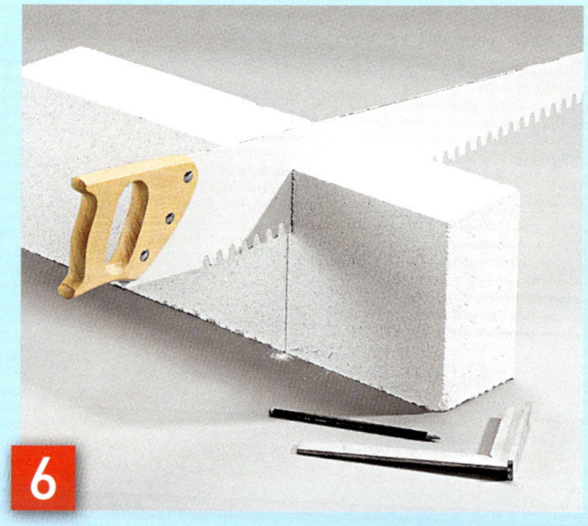

6

Nun sägen Sie die Porenbetonsteine auf die benötigten Längen. Die inneren, waagerechten Steine müssen 40 cm ...

7

... lang sein, die äußeren, senkrechten 40 cm plus Stärke der Holzbank. Die Steine mit Montagekleber verbinden.

8

Mit einem Steinbohrer, aber ohne das Schlagwerk der Bohrmaschine, entstehen die Dübellöcher im Porenbeton.

9

Eine Relief wie in unserem Beispiel oder auch andere Verzierungen können Sie leicht mit einem Beitel aus dem Material herausarbeiten.

10

Die Steinkanten haben wir mit einem Brett abgerundet, auf das Schleifpapier (Körnung 60) geklebt wurde.

11

Die beiden Auflagebretter werden mittig mit den Porenbetonstützen verdübelt. Dann drehen Sie die Bank herum und ...

12

... verschrauben die Auflagen mit der Sitzfläche. Schraubenlöcher mit kleinem Durchmesser vorbohren!

Frühbeetschrank

Auf nur 50 x 70 cm Grundfläche bietet unser Schrank mit seinen drei Etagen reichlich Platz zum Keimen und Vorziehen von Gartenpflanzen.

Klein und leicht ist unser Frühbeetschrank – und vor allem günstig. Erreicht haben wir das durch eine Konstruktion aus einfachen gehobelten Dachlatten. Das ist zwar nicht das nobelste Material, aber es erlaubt den Bau eines stabilen Rahmens, der anschließend mit Stegdoppelplatten verkleidet wird.
Diese transparenten Kunststoff-Platten dienen meist dazu, Pergolen oder Carports regengeschützt abzudecken, ohne das Sonnenlicht auszusperren. Sie bestehen aus zwei Lagen, die mit vielen schmalen Stegen verbunden sind – daher der Name.
Die Platten lassen sich problemlos mit einer elektrischen Stichsäge zuschneiden. Wichtig dabei: Arbeiten Sie mit ausgeschaltetem Pendelhub und schieben Sie die Säge nicht zu hastig voran. Beides dient einem sauberen Schnitt. Haben Sie Bedenken, dass Sie die Säge nicht hinreichend gerade führen können, spannen Sie neben dem Sägefuß eine Leiste auf die Platte, die als Anschlag dient.
Die Stegdoppelplatten sind mit einer Schutzfolie versehen, die das Material vor dem Verkratzen bewahrt. Diese Folie wird erst ganz zum Schluss entfernt, wenn der Frühbeetschrank fertig ist.

Material (Maße in mm)

- Leisten 35 x 17: je 4 Seitenrahmenleisten 1000 und 500 lang, 8 Verbinder 666 lang, je 4 Türrahmenleisten 985 und 348 lang, 36 Auflager 490 lang, 1 Aufstellleiste 250 lang.
- Stegdoppelplatte 6 dick: 1 Klappe 705 x 525, 1 Rückwand 980 x 665, 2 Seitenteile 980 x 450, 2 Türen 980 x 320.
- 1 Schlossschraube M8 x 60, Flügelmutter, Scheiben; 6 Senkkopf-Schrauben M3 x 16, Sechskantmuttern, Scheiben; Spanplattenschrauben; Messing-Scharniere: 6x 50 x 32 und 2x 50 x 50; 2 Magnetschnäpper; Leim.

Der Schrank ist aus Lattenrahmen konstruiert. Für die Eckverbindungen wird zunächst das Holz bis auf halbe Materialstärke eingeschnitten und dann ausgestemmt.

Diese Art der Holzverbindung nennt man Überblattung: Die halben Holzstärken passen genau aufeinander und ergeben wieder die volle Materialstärke. Verleimen Sie nun die Seitenrahmen.

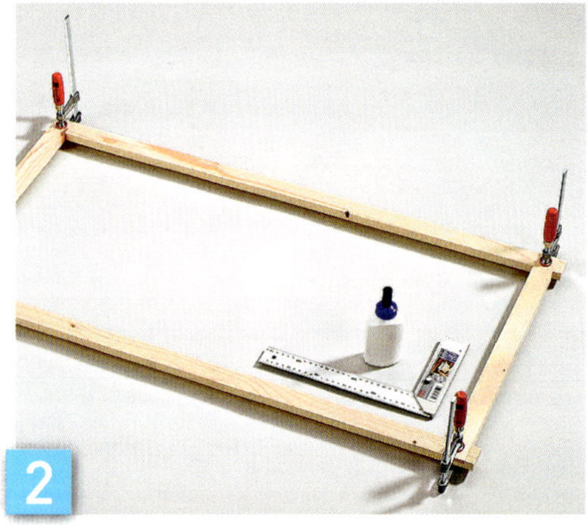

Achten Sie darauf, dass die Ecken genau rechtwinklig sind. Bis zum Abbinden des Leims spannt man die Verbindungen fest mit Schraubzwingen ein.

666 mm lange Latten verbinden die beiden Seitenrahmen. Damit sie genau mittig angebohrt werden, fertigt man aus einem Lattenabschnitt und einem Stück Stegdoppelplatte eine Schablone.

Durch die beiden 3,5-mm-Löcher in der Schablone hindurch kann man nun in die Verbindungslatten bohren, die ihrerseits auf der Rückwand aus Stegdoppelplatte liegen. Durch die vorgebohrten Löcher werden nun Rahmen und Latte …

… miteinander verschraubt. Bei den übrigen Verbindern gehen Sie genauso vor, dann steht bereits das Grundgerüst.

Die Türen bestehen ebenfalls aus Rahmen mit Eckuberblattungen. Sie werden mit Messingscharnieren an das Schrankgerüst geschraubt.

7

Aus einer 300 x 105 cm großen Stegdoppelplatte werden alle benötigten Teile mit der Stichsäge zugeschnitten. Einen Zuschnittplan finden Sie auf Seite 15.

8

Die Rückseite von außen, die Seitenwände von innen an das Gestell schrauben. Schutzfolie noch nicht entfernen!

9

10

Dachlatten sind preiswert, aber nicht immer besonders gerade. Wenn sie sich verzogen haben, schraubt man Magnetschnäpper an den Rahmen.

11

Die Gegenstücke werden oben an den Türen angebracht, dann schließen sie auch bei schiefen Latten immer fest.

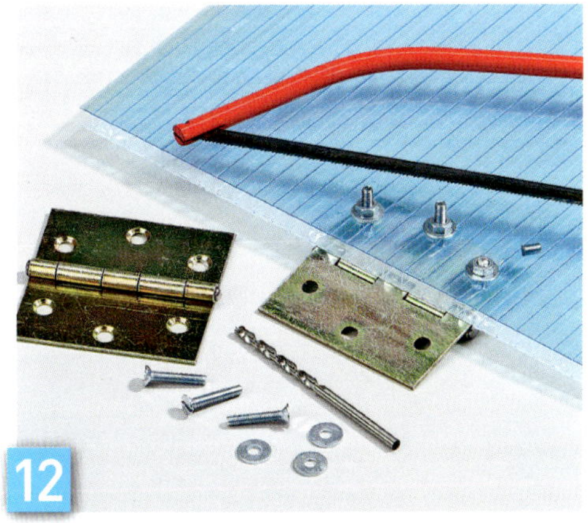

12

Der Deckel wird ebenfalls mit Messingscharnieren am Rahmen befestigt. Entsprechend kurze Schrauben sind kaum zu bekommen. Kaufen Sie längere und sägen sie einfach ab.

13

Hier die Aufstellleiste, mit der sich der Deckel stufenlos verstellen lässt.

14

Mit der Flügelmutter können Sie den Aufsteller in der jeweils gewünschten Position fixieren.

15

Weiter geht's mit der Inneneinrichtung. Die Auflagerleisten bohrt man vor und schraubt sie auf die Verbindungsleisten.

Haben Sie den Frühbeetschrank fertiggestellt, müssen Sie einen geeigneten Standort auswählen. Am günstigsten ist ein heller, sonniger und windgeschützter Platz. So können die wärmenden Sonnenstrahlen direkt durch den transparenten Kunststoff fallen und im Inneren des Schrankes für Temperaturen sorgen, die den keimenden Pflanzen gut bekommen.

Als Gewächshaus, etwa zum Überwintern von Pflanzen, ist der Schrank allerdings nicht geeignet, er schafft lediglich im zeitigen Frühjahr bessere Bedingungen für das Heranwachsen junger Pflanzen.

Bei kräftigem Sonnenschein kann es darin trotzdem recht warm werden. In diesem Fall sollten Sie den Deckel des Schranks ein wenig öffnen. Er lässt sich in der gewünschten Position feststellen. Die einströmende frische Luft hält nicht nur die Temperatur auf einem gesunden Niveau, sie bekommt auch den Pflanzen gut.

An einem geschützten, möglicherweise überdachten Platz halten die verwendeten Latten etliche Jahre durch. Ein Anstrich mit einer Außenlasur macht die Konstruktion noch einmal robuster. Alternativ können Sie wetterbeständige Hölzer wie Douglasie, Zeder oder Bangkirai verwenden – dann steigen die Materialkosten jedoch deutlich an.

INFO: Wetterseite

Stegdoppelplatten besitzen zwei ungleiche Seiten – nur eine davon sollte der Witterung ausgesetzt werden. Welche die Wetterseite ist, steht auf der Schutzfolie. Lassen Sie diese Seite nach außen weisen!

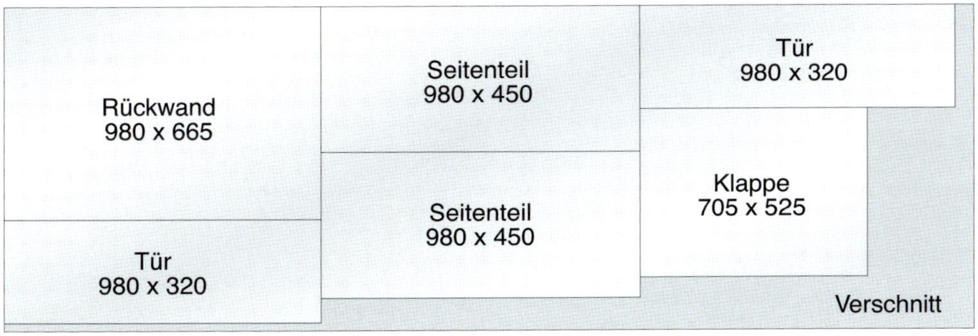

Stegdoppelplatte 6 mm dick, 3000 x 1050 mm

Wenn Sie nach unserem Zuschnittplan vorgehen, können Sie aus einer Standard-Stegdoppelplatte alle benötigten Formate herstellen.

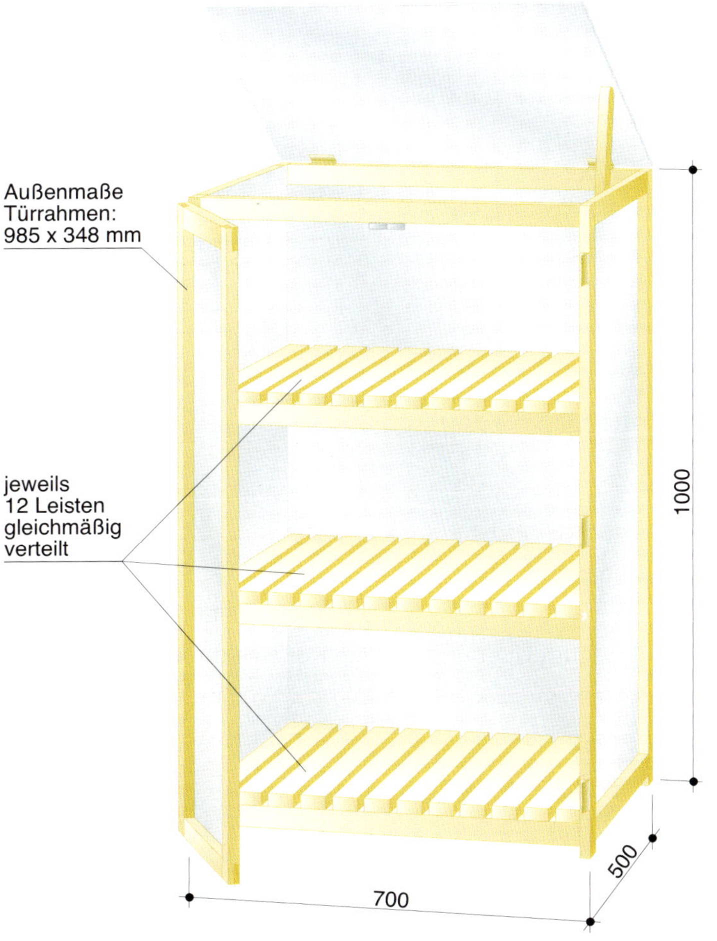

Ansicht ohne rechte Tür

Eine simple Konstruktion, die ihren Zweck erfüllt. Zum absoluten Low-Cost-Modell wird der Frühbeetschrank, wenn man statt der Stegplatte einfache Noppenfolie verwendet. Dann braucht jedoch auch der Deckel einen Rahmen.

Schirm-Ständer

Schirmständer und Blumenkübel zugleich ist unser praktisches Terrassenmöbel. Auf Rollen lässt es sich schnell an jeden Einsatzort bewegen.

Der Schwerpunkt bei dieser Kombination liegt auf der Funktion als Ständer für den Sonnenschirm. Direkt bepflanzen lässt sich der Kasten nämlich nicht ohne Weiteres. Dazu müsste es eine Möglichkeit geben, überschüssiges Gießwasser abzuleiten. Ein doppelter Boden mit Platz für Ballast in Form von Betonsteinen verhindert das.
Die Blütenpracht ist aber ebenso wirkungsvoll, wenn Sie Pflanzkästen oder Töpfe auf Untersetzern in den offenen Kasten stellen.
Ganz wasserscheu ist der Schirmständer nicht. Da er in der warmen Jahreszeit draußen bleibt und auch einmal den einen oder anderen Regenguss vertragen muss, haben wir ihn aus Thermowood gebaut. Das ist Holz, das durch eine spezielle Hitzebehandlung wetterfest gemacht wurde. Es ist zudem auch härter und etwas spröder als gewöhnliches Nadelholz. Deshalb müssen Schraublöcher in jedem Fall vorgebohrt werden. Senken Sie die Bohrungen auch an, damit die trichterförmigen Schraubenköpfe bündig eingedreht werden können.
Alternativen wären hier druckimprägnierte Kiefer, zertifiziertes Tropenholz oder andere wetterbeständige Hölzer. Recht einfach und preiswert zu beschaffen sind diese Materialien übrigens in Form von Terrassendielen – wir haben sie einfach bei einem Händler für Gartenholz gekauft.
Die gesamte Konstruktion steht beweglich auf Rollen. So lässt sie sich immer da aufstellen, wo sie gebraucht wird, und bei Bedarf schnell an den veränderten Sonnenstand anpassen.
Damit sich der Schirmständer auf leichtem Gefälle nicht selbstständig macht, sind zwei der verwendeten Rollen mit Feststellern versehen. Das genügt, um das Möbel sicher an Ort und Stelle zu halten.
Der Durchmesser des Standrohrs hängt von der Dicke des Schirm-Mastes ab. Er sollte mit wenig Spiel in das Standrohr hinein passen. In unserem Fall war für den großen Marktschirm ein HT-Abflussrohr mit 50 mm Durchmesser gerade richtig. Geeignete Rohre in verschiedenen Durchmessern erhalten Sie in der Sanitärabteilung Ihres Baumarkts.

Nach dem Zuschnitt mit Hand- oder Kreissäge fixieren Sie die untere Dielenlage mit Zwingen. Bohren Sie 8-mm-Löcher bis ins Stirnholz.

Hier werden Holzdübel unter Zugabe von wasserfestem Leim eingeschlagen. Die Überstände schneidet man bündig ab.

In die Bretter für den Boden Bohrungen einbringen und ansenken. Anschließend verschraubt man sie von unten am Dielenrahmen.

Eine Schablone hilft dabei, die Lenkrollen immer im gleichen Abstand zu den Ecken des Bodens zu verschrauben.

Zwei Bretter für die Mittellage zusammenzwingen und ein Loch für den Mast aussägen (hier: 50 mm Durchmesser).

Zwei Bretter anschrauben, das HT-Rohr mit angeschraubter Standplatte einsetzen und fixieren. Den Kasten dann mit Betonsteinen als Ballast beschweren.

Nicht unbedingt notwendig, aber zuweilen ganz praktisch sind die Ablagebretter (6), auf denen Getränke abgestellt oder die Lektüre abgelegt werden können.
Wir haben sie nicht dauerhaft befestigt, sondern jeweils zwei Leisten parallel zueinander darunter geschraubt, die aus den Holzdielen zugeschnitten werden. Der Abstand der Leisten entspricht der Wandstärke

Bringen Sie die übrigen Mittelbretter an und bauen den oberen Rahmen wie den unteren. Mit Stahlwinkeln fixieren.

Verbinden Sie Führungsbrett (3) und Trägerbrettchen und schrauben Sie die Träger von innen an die Seitenwände.

Einkaufsliste

Pos.	Anz.	Bezeichnung	Maße mm	Material mm
①	12	Boden-/Seitenbretter	560 lang	Thermo-wood-Boden dielen 140 x 27 mm
②	4	Seitenbretter	506 lang	
③	1	Führungsbrett	506 lang	
④	1	Führungsbrett	200 lang	
⑤	2	Trägerbrettchen	100 lang	
⑥	2	Ablagebretter	600 lang	

Außerdem:

4 Führungsleisten 500 x 30
(geschnitten aus Bodendielen 140 x 27);
1 HT-Rohr Ø 50 x 294;
2 Lenkrollen mit Feststeller,
2 Bockrollen (alle Rollen-Durchmesser 50, Bauhöhe 75);
16 Schloss-Schrauben M4 x 35 mit Sechskant-Muttern und Scheiben (Montageanleitung liegt den Rollen bei);
4 Winkel 60 x 60 x 20 (braun beschichtet);
Spanplatten-Schrauben;
Dübelstange Ø 8;
wasserfester Holzleim.

MATERIALKOSTEN RUND 95 €

9

Zwei Führungsleisten von unten an die Ablagebretter (Pos. 6, s. Zeichnung rechts) schrauben. So lassen sie sich auf die Seitenwände stecken.

des Kastens zuzüglich ein wenig Luft. So lassen sich die Ablagen bei Bedarf auf die Seitenwände stecken und auch jederzeit wieder abnehmen.
Übrigens: Vergessen Sie beim Zusammenbau auf keinen Fall die Betonsteine zum Beschweren des Kastens. Sonst bekommt der Schirm allzu leicht Übergewicht und kippt spätestens bei einem kräftigen Windstoß um.

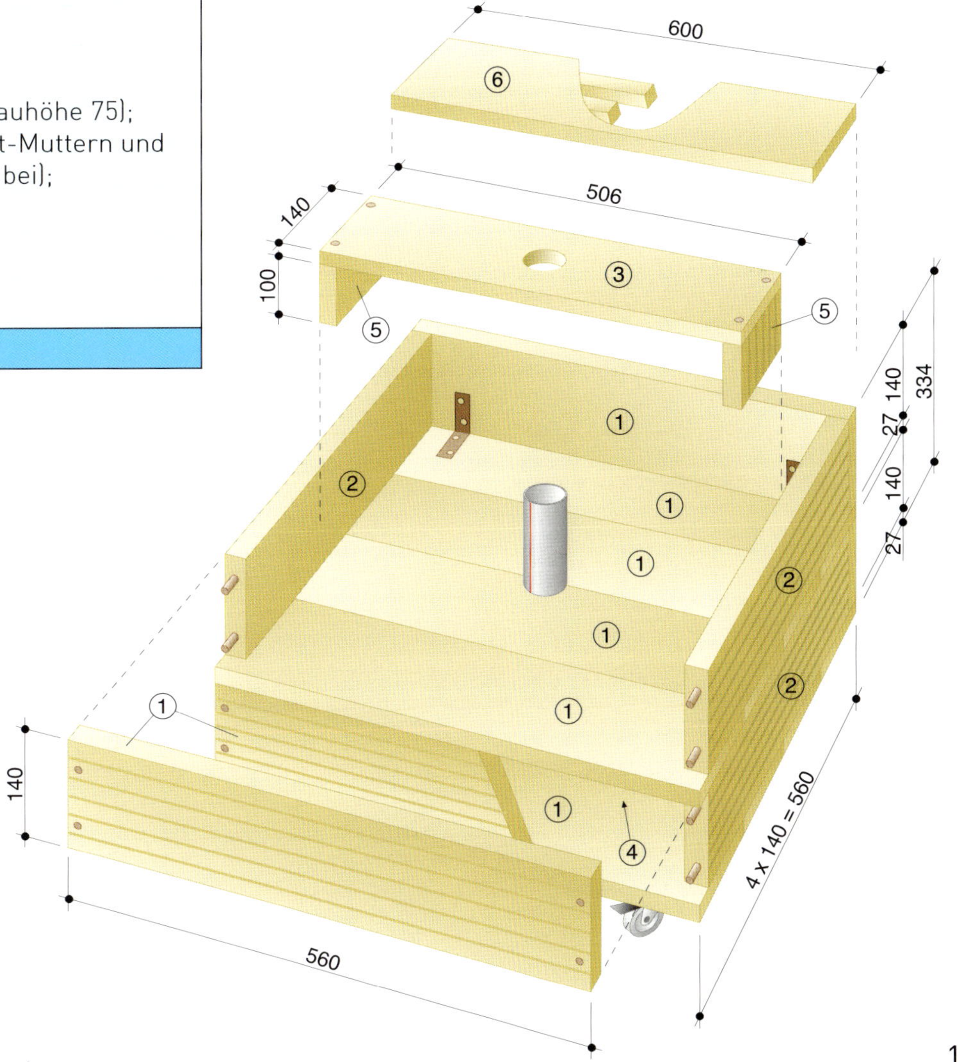

Praktischer Freiluft-Trockner

Sonne und Wind trocknen die Wäsche kostenlos. Ein wettergeschützter Trockner ist schnell gebaut.

Unsere Großmütter hätten es sich wohl kaum vorstellen können, dass man Wäsche mit teurem Strom trocknet. Damals spannte man Leinen im Garten und ließ die Sonne und den Wind die Arbeit erledigen.

Heute ist dafür oft der Platz zu knapp. Deshalb haben wir diesen klappbaren Wäschetrockner konstruiert. Er lässt sich an der Hauswand befestigen und macht sich zwischen den Einsätzen ganz dünn. Auch in kleinen Gärten oder auf größeren Balkonen sollte sich dafür ein Plätzchen finden. Das Dach aus Markisentuch faltet sich beim Ausklappen mit auf und schützt die aufgehängte Wäsche vor kleinen Regenschauern.

Übrigens eignet sich die Konstruktion auch als Schattenspender für einen kleinen Sitzplatz.

Um die Kosten im Rahmen zu halten, haben wir den Trockner komplett aus Kiefernleisten gebaut. Dazu kommen zwei Rundhölzer aus Buche. Diese Materialien sind natürlich nicht wetterfest und müssen geschützt werden. Deshalb streicht man sie entweder mit einer Außenlasur oder mit einer deckenden Wetterschutzfarbe.

Ein völlig transparenter Lack ist dagegen weniger geeignet. Der Anstrich muss einen gewissen Anteil an Pigmenten besitzen, dann schützt er auch vor dem UV-Anteil des Sonnenlichts, der sonst mit der Zeit einige Bestandteile des Holzes zersetzen und den Boden für zerstörerische Mikroorganismen bereiten würde. Der Anstrich sollte außerdem hin und wieder überprüft und bei Bedarf erneuert werden.

Maschinen brauchen Sie für den Bau des Trockners nur wenige. Die Holzzuschnitte lassen sich mit der Stichsäge oder einer Handsäge erledigen. Bei der Montage ist ein Akkuschrauber hilfreich, aber auch er lässt sich zur Not durch gewöhnliche Schraubendreher ersetzen.

Die senkrechten Wandleisten (1) erhalten oben 28-mm-Löcher, unten werden sie für die Gewindeschrauben M10 durchbohrt.

Ebenso verfahren Sie bei den Diagonalstützen (6). Hier werden außerdem die Enden mit der Stichsäge gerundet.

Den Rahmen für die Wäscheleinen verschraubt man aus Leisten. Bis dahin mit Zwingen fixieren.

An der Leiste (4) befestigen Sie drei Scharniere: außen und in der Mitte.

Hier wird die Scharnierleiste mit den freien Scharnierlöchern auch am Rahmen verschraubt.

An den gelochten, 120 x 20 mm großen Flacheisen wird jeweils das erste Loch mit der Säge zum Haken aufgeschnitten.

Je fünf Ösenschrauben an den Schmalseiten des Rahmens bilden die Führung für die Wäscheleinen.

Die Leinen verspannt man anschließend zwischen den Ösen. Insgesamt brauchen Sie etwa 9,50 m Leine.

Bei der Verbindung von Wandleisten und Diagonalstützen sorgen zwischengelegte Scheiben für eine bessere Beweglichkeit.

Das Gestell ist fertig, es fehlen noch die beiden Flacheisen (Foto 5). Sie werden so an den Leinenrahmen geschraubt, dass die Haken vorstehen.

Nun kann der Trockner aufgehängt werden. Zunächst die Scharnierleiste in der gewünschten Höhe anschrauben.

Die senkrechten Wandleisten werden mit 8 mm Abstand zum Leinenrahmen befestigt. Entsprechende Keile können dabei als Abstandhalter dienen.

Die Dimensionen des Trockners können Sie natürlich ohne Weiteres an Ihre Bedürfnisse anpassen, etwa wenn Ihnen weniger Platz zur Verfügung steht, als unsere Konstruktion einnimmt.
Möchten Sie das Gestell vergrößern, ist jedoch Vorsicht angebracht: Je größer die Ausladung wird, desto eher fängt sich der Wind darin. Und bei der Breite sollte man bedenken, dass vollständig mit feuchter Wäsche behängte Leinen einen nicht zu unterschätzenden Zug auf den Rahmen bringen. Eine Möglichkeit, dem entgegenzuwirken, bestünde darin, in den Rahmen eine Mittelstrebe einzusetzen, so dass sich zwei Felder ergeben, in denen die Leinen jeweils separat gespannt sind. Beim Kauf des Markisenstoffs empfiehlt es sich, im Handel nach preisgünstigen Reststücken zu suchen. Im Einzelfall kann die Ersparnis so groß sein, dass es sich lohnt, die Konstruktion ein wenig zu ändern, um mit einem etwas kleineren Stück Tuch auszukommen. Eine preiswerte Lösung bieten hier übrigens Wachstuch-Tischdecken im Format 200 x 140 cm. Damit kann man eine sehr lebhafte Optik schaffen, muss sie allerdings nach einige Jahren austauschen, da sie nicht sehr wetterbeständig sind.

13 Je nach der Beschaffenheit der Wand halten Holzklötze die Leisten auf Distanz.

14 Der hintere Rundstab für die Markise wird durch die 28-mm-Löcher in den senkrechten Wandleisten gesteckt.

15 Die Markise vorne mit einem Hohlsaum versehen und hinten (einmal umgeschlagen) an den hinteren Rundstab tackern.

16 Klappen Sie den Ständer auf, fixieren ihn provisorisch und drehen Sie Schrauben für die Hakenleisten ein.

17 Nun steckt man den zweiten Rundstab durch den Saum der Markise und schiebt ihn in die Diagonalstützen.

18 Der hintere Rundstab wird an den Wandleisten verschraubt. Dabei gegen Verdrehen festhalten.

19 An beiden Seiten des Leinenrahmens wird eine Kerbe in die Leisten geschnitten. Sie schafft den nötigen Platz, ...

20 ... damit beim Auf- und Zuklappen der Rahmen an der Schraube für den Haken vorbei passt.

21 Zwei Schwenkhebel (sogenannte Vorreiber) halten den Rahmen im eingeklappten Zustand an Ort und Stelle.

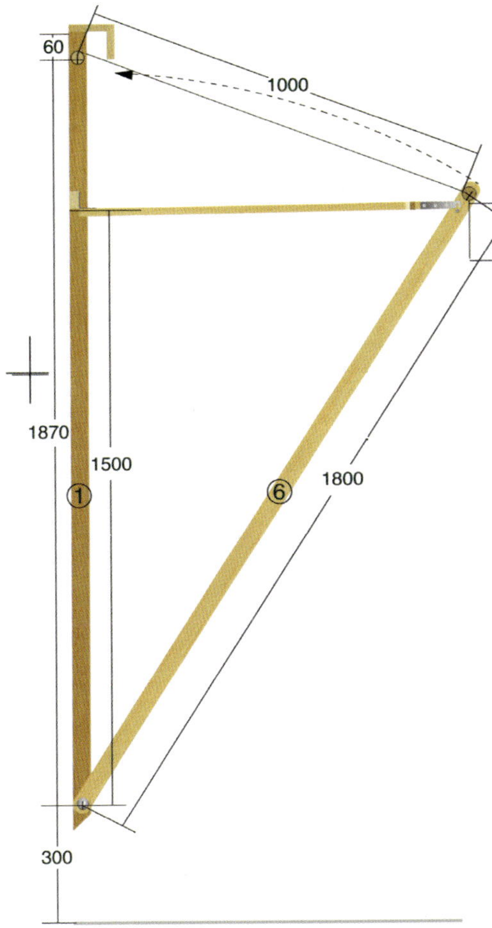

Einkaufsliste

Pos.	Anz.	Bezeichnung	Maße mm	Material mm	Außerdem:
①	2	Wandleisten	2000 lang	Kiefer 45 x 45	1 Markise (Segeltuch o. ä.) 1980 x 1400; ca. 9,5 m Wäscheleine; 2 Flacheisen (verzinkt) 120 x 20; 2 Schlossschrauben M10 x 80 lang mit 6 Scheiben und 2 selbstsichernden Muttern; 10 Ösenschrauben; 2 Vorreiber; Tackerklammern; Spanplattenschrauben.
②	2	Abdeckbretter	2230 lang	Kiefer 95 x 24	
③	2	Rahmenbretter	1890 lang		
④	1	Scharnierleiste	1980 lang	Kiefer 45 x 24	
⑤	2	Rahmenleisten	925 lang		
⑥	2	Diagonalstützen	1855 lang		
⑦	1	Rundholz	2180 lang	Buche ø 28	
⑧	1	Rundholz	2030 lang		
MATERIALKOSTEN RUND 90 €					

Transparenter Windschutz

Ein Luftzug hin und wieder erfrischt im Sommer. Bläst es auf Ihrem Balkon aber dauernd, wird es Zeit für einen Windschutz am Geländer.

Material

- Schlagfestes Acrylglas, 6 mm dick, beispielsweise *Plexiglas resist*.
- Universal- oder Schneidöl, Zinkspray, Malerband, Permanentstift, Edelstahlschrauben und -muttern M8, Edelstahlunterlegscheiben, Nylonscheiben.
- Für den Zuschnitt: Handkreissäge mit Führungsschiene. Für die Montage: Akkuschrauber, Bohrer, Schrauben- und Inbusschlüssel.

Die Verkleidung aus transparentem Acrylglas hält den Wind auf dem Balkon wirkungsvoll ab, verändert aber nicht die Optik des Geländers. Das kann vor allem in einer Mietwohnung, aber auch bei einer Gemeinschaft von Eigentümern wichtig sein. Einen Vermieter sollten Sie in jedem Fall um Erlaubnis fragen, da Sie die Geländerstäbe anbohren müssen. Eine blickdichte Alternative bietet übrigens satiniertes Acrylglas, das auch eingefärbt erhältlich ist.
Die Platten für die Verkleidung können Sie selbst mit einer feinzahnigen Handkreissäge zuschneiden. Haben Sie keinen Zugang zu solch einem Werkzeug, können Sie das Material oft auch schon im Fachhandel zuschneiden lassen. In jedem Fall sollten Sie das Geländer zuvor sehr sorgfältig ausmessen, damit später alles passt. An den Befestigungspunkten wird das Acrylglas gebohrt. Dafür drücken Sie es fest auf einer Unterlage aus Holz, damit das Material beim Bohreraustritt nicht ausreißt. Bohren müssen Sie übrigens ein wenig größer als der Durchmesser der verwendeten Schrauben. Wir haben für die Schrauben M8 mit 10 mm Durchmesser gebohrt – so lassen sich an den Befestigungspunkten Spannungen im Acryl vermeiden.

1

Das schlagfeste Acrylglas lässt sich mit der Handkreissäge entlang einer Führungsschiene zuschneiden.

2

Die Befestigungspunkte am Geländer werden mit einem Permanentstift in etwa 50 cm Abstand markiert und dann mit dünnem Malerkrepp überklebt.

3

So lässt sich der 8-mm-Bohrer ansetzen, ohne abzurutschen. Vor dem Bohren Öl auf den Bohrer sprühen.

4

Mit mäßiger Drehzahl durch das Stahlgeländer bohren, zwischendurch Pausen zum Abkühlen und Nachölen einlegen.

5

Die Bohrlöcher entfettet man mit Verdünnung und sprüht dann Zinkspray als Rostschutz auf.

6

Nur das Loch muss geschützt werden. Das überschüssige Spray wischt man deshalb sofort ab.

7

Die passend zugeschnittenen Acrylglasplatten werden am Geländer ausgerichtet und mit Zwingen fixiert.

8

Durch die Bohrungen hindurch übertragen Sie die Befestigungspunkte auf die transparente Platte.

9

Mit 10 mm durchbohren, dabei fest auf eine Holzunterlage drücken. Erst danach die Schutzfolie vom Acryl entfernen.

10

Die Befestigung erfolgt mit Edelstahlschrauben, Unterlegscheiben und Nylonscheiben, die am Acryl anliegen.

11

Außen Muttern aufsetzen, am besten selbstsichernde Muttern, die sich auch nach Jahren nicht lösen.

12

Nun die Schrauben gut anziehen: Außen hält man mit einem Schlüssel gegen und schraubt innen mit dem Inbus.

Sonnenschutz

Anders als eine Markise kann man ein Sonnensegel an nahezu jedem Ort aufspannen. Es ist schnell angebracht und ebenso schnell wieder abgebaut.

Als Befestigungspunkte können an der Hauswand verdübelte Ösen ebenso dienen wie frei aufgestellte Masten. Egal ob Sie drei- oder viereckige Segel spannen – Punkte zum Abspannen finden sich überall oder lassen sich schnell schaffen. Das Aufstellen von Masten aus Stahlrohr zeigen wir auf der folgenden Seite.
Eine Besonderheit stellen dabei Bäume dar. Je dicker sie sind, desto besser eignen sie sich. Allerdings muss man sie vor Verletzungen durch das Spannseil schützen – auf dem Seil liegt zwar wenig Zug, der aber stetig. Außerdem ist bei Wind immer etwas Bewegung im Seil. Einen Baumschutz fertigen Sie ganz einfach an, indem Sie die Leine durch ein Stück dickwandigen Gartenschlauch fädeln. Er wird dann so in der Schlaufe um den Baum platziert, dass er zwischen Seil und Baum den Druck dämpft.
Geeignete Sonnensegel finden Sie in verschiedenen Größen fertig konfektioniert in Baumärkten, oft auch im Campingbedarf. Die Segel sind bereits mit Säumen und Aufhängeösen versehen – diese Arbeit selbst zu erledigen, lohnt sich nicht. Vergewissern Sie sich, dass das Gewebe einen hohen Schutz gegen UV-Strahlung bietet. Es ist problemlos möglich, bis zu 90 Prozent des ultravioletten Lichts zu blockieren.
Dass ein Sonnensegel schnell auf- und abgebaut ist, sollten Sie übrigens nutzen, wenn kräftiger Wind aufkommt. Je nach Befestigungspunkt kann die Windlast dann zu stark werden. Auch über Nacht sollte man das Sonnensegel abnehmen.

Material

- Sonnensegel in gewünschter Größe, fertig gesäumt und mit Ösen versehen.
- Masten nach Bedarf (z. B. Stahlrohr, verzinkt, 1 ½ Zoll), Rohrhülsen ca. 40 cm lang (2 Zoll), Segel-Schotleine 8 mm in Längen nach Bedarf, Edelstahl-Karabinerhaken, Edelstahl-Ringschrauben M8 x 40 mit Muttern und Unterlegscheiben, Edelstahl-Seilspanner, Beton-Fertigmischung.
- Werkzeug: Spaten, Bohrmaschine, Wasserwaage.

Legen Sie die Positionen der Pfosten fest und graben dort für die Rohrhülsen etwa 40 cm tief. Drücken Sie das Rohr leicht in den Erdboden.

Die von uns verwendete Betonmischung wird schichtweise trocken ins Loch gegeben und jeweils mit Wasser …

… begossen. Füllen Sie das Loch bis etwa 8 cm unter Niveau des umgebenden Erdbodens. Alternativ können Sie Estrichbeton erdfeucht anmischen und ins Loch füllen.

Das Rohr muss senkrecht im Beton stehen oder sich 10 bis 15° nach außen neigen. Zum Überprüfen stellt man das Rohr probeweise in die einbetonierte Hülse. Solange der Beton weich ist, können Sie Korrekturen vornehmen.

Nach etwa zwei bis drei Tagen kann man das kleine Fundament mit Erde bedecken und die bei Ausheben abgestochenen Grassoden wieder auflegen.

Das Mastrohr wird an einem Ende einseitig mit 9 mm Durchmesser durchbohrt. Ein mobiler Bohrständer ist dabei eine große Hilfe.

In das Loch stecken Sie eine Ringschraube M8 x 40. Außen ist eine Mutter aufgedreht und eine Unterlegscheibe aufgesteckt.

7

Innen wird ebenfalls eine Scheibe aufgesteckt und die zweite Mutter aufgedreht. Nun können Sie die beiden Muttern gegeneinander festdrehen.

8

Mit dem anderen Ende steckt man das Mastrohr in die Bodenhülse. Der Beton sollte bis dahin zwei bis drei Wochen Zeit zum Härten bekommen.

9

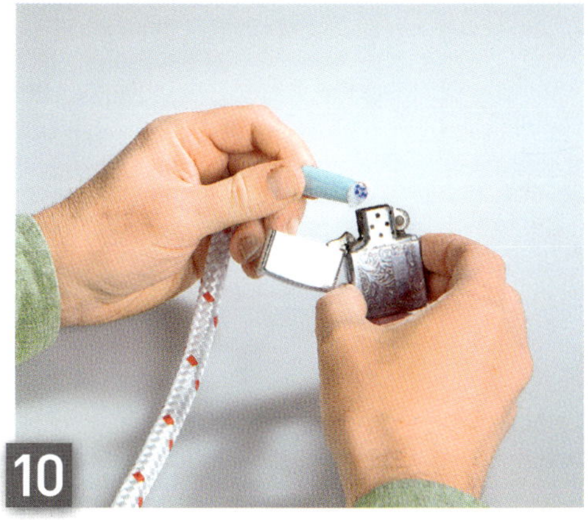

10

Vom Polypropylen-Seil (Schotleine) die benötigten Stücke abschneiden. Dazu umwickelt man es mit Klebeband, trennt es mit einem scharfen Messer und verschweißt am Ende die losen Fasern mit einem Feuerzeug.

11

Jeweils ein Ende der Spannseile an eine Öse des Sonnensegels knoten, am anderen Ende eine Schlaufe knoten. Dort wird der Seilspanner eingehängt und anschließend auch in die Ösenschraube gehakt.

12

Zum Schluss können Sie durch einfaches Drehen an den Seilspannern die Leinen straffen.

Eckpflanzkasten

Unser Pflanzkasten kann wie im Bild an einer Hausecke aufgestellt werden, findet aber auch an einer Außenecke der Terrasse seinen Platz.

Wenn bei der Neuanlage einer Holzterrasse noch Dielenbretter übrig sind, kann man daraus allerlei nützliche oder dekorative Dinge bauen. Der Vorteil dabei: Wegen des gleichen Materials passen sie perfekt zur Umgebung.
So auch unser Pflanzkasten, den wir an einer Hausecke platziert haben. Die Maße richten sich hier jeweils nach den angrenzenden Mauerflächen. Sie können ihn exakt so nachbauen, ihn aber natürlich auch an Ihre Verhältnisse anpassen. Damit der Kasten nicht zu hoch wird, haben wir die mittlere Lage übrigens aus längs halbierten Dielenbrettern konstruiert.
Der Kasten besteht wie die umgebende Terrasse aus Thermoholz, ist also ohne weitere Behandlung schon recht beständig gegen Wettereinflüsse. Stauende Nässe würde aber auch dieses Material auf die Dauer nicht aushalten. Deshalb kleidet man die Konstruktion zum Schluss mit Folie aus. Dazu eignet sich eine kräftige Baufolie am besten. Teichfolie können Sie auch verwenden, aber sie ist oft sehr starr – man verarbeitet sie am besten an einem warmen Tag, dann wird sie durch die Hitze etwas geschmeidiger.
Damit das Wasser abfließen kann, sollte man die Folie und den Holzboden mit Löchern versehen. Vor allem an ungeschützten Standorten staut sich sonst schnell Regenwasser.
Erhält der Pflanzkasten einen festen Platz über einem unempfindlichen Untergrund, kann man den Boden eventuell auch ganz weglassen.
Beim Bepflanzen sollten Sie zuunterst eine Drainageschicht einfüllen. Sie

Material (Maße in mm)

- Konstruktionsholz 140 x 25: Bodenbretter 2x 700 lang, 2x 560 lang, Seitenbretter je 4x 675, 420 und 255 lang.
- Konstruktionsholz 70 x 25: Seitenbretter je 2x 675, 420 und 255 lang. Eckverbinder 3x 310 lang.
- Folie zum Auskleiden, rostfreie Spanplattenschrauben.
- Werkzeug: Akkuschrauber, Tacker, Säge (Zuschnitt).

Nach dem Zuschnitt verschrauben Sie die unterste Bretter-Lage mit nichtrostenden Spanplattenschrauben.

Prüfen Sie die Rechtwinkligkeit der Konstruktion und schrauben die auf Gehrung geschnittenen Bodenbretter daran.

Nach dem gleichen Schema wie die Basislage werden die Mittellage (rechts im Bild) und der Aufsatz (links) gebaut.

An den Ecken stabilisieren Reststücke die Gehrungsverbindung der Bodenbretter. Auch sie verschraubt man.

Stellen Sie die drei Lagen des Kastens aufeinander und verbinden sie mit Hilfe der Eckverbinder.

Der fertige Kasten wird mit Folie ausgeschlagen. Sie schützt das Holz vor der feuchten Erde.

kann aus Kies oder Blähton angelegt werden und verhindert, dass die Abzugslöcher mit der Zeit verstopfen. Die Drainageschicht bedeckt man mit Vlies. Es lässt nur Wasser durch, es werden also keine feinen Bestandteile der Pflanzerde in die Drainage geschwemmt.
Anschließend können Sie das Pflanzsubstrat einfüllen. Vermischen Sie es mit einem Dauerdünger für die ganze Saison oder kaufen Sie gleich eine vorgedüngte Pflanzerde.

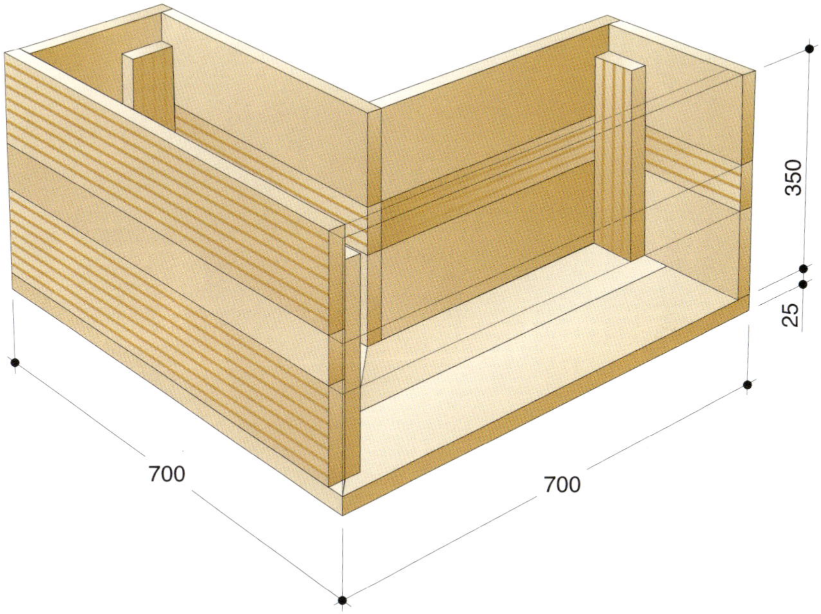

7

Die Folie lässt sich einfach mit einem Tacker am Holz befestigen. Zum Schluss Abzugslöcher bohren.

Pflanzenregal

Auf fünf Etagen präsentieren sich hier besonders hübsche Blütenpflanzen und Ziergewächse. Dafür brauchen sie nur wenig Stellfläche.

Material (Maße in mm)

- Kiefer-Leimholz, 18 dick: 2 Eckstützen 1160 x 50, 2 Schrägstützen 1220* x 50, etwa 1,4 lfd. m Leisten 50 breit für die Querstützen (bei der Montage anpassen), je ein Viertelboden im Radius 202, 248, 294, 340 und 390, 1 Aufsatzplatte (links) 330 x 215, 1 Aufsatzplatte (rechts) 330 x 197.
- Spanplattenschrauben, Holzdübel 8 x 30, wasserfester Holzleim.
- Handkreissäge, Gehrungssäge, Stichsäge, Akkuschrauber, Zirkel.

*Rohmaß, bei der Montage anpassen

Die Konstruktion des Regals ist sehr einfach – hier werden Leisten und Regalborde ohne aufwendige Holzverbindungen lediglich miteinander verschraubt und verleimt. Die einzige größere Herausforderung ist der eigenhändige Zuschnitt der benötigten Leisten. Wir haben sie aus einer Leimholzplatte der Größe 1500 x 300 mm mit Hilfe einer Handkreissäge und einer Anschlagschiene selbst hergestellt.

Dafür gibt es zwei gute Gründe: Zum einen sind gehobelte Leisten teurer als das Rohmaterial in Plattenform. Zum anderen ist es heute leider gar nicht mehr so einfach, sauber gehobelte und gerade Leisten zu bekommen.

Letzten Endes haben Sie aber selbst die Wahl: Wenn Sie bei einem vertrauenswürdigen Holzhändler Leisten im passenden Querschnitt bekommen, die bei guter Qualität zu einem tragbaren Preis angeboten werden, dann können Sie einen Arbeitsgang einsparen.

Ebenfalls entscheiden können Sie, ob der Aufsatz in Pflanzenform auf dem Regal platziert werden soll oder nicht. Er hat keine konstruktive Funktion, sondern dient lediglich der Zierde. Wer es also lieber schlicht mag, lässt den Aufsatz einfach fort.

Beim Verleimen der Seitenteile ist es wegen der Schrägen nicht ganz einfach, die Zwingen zum Einspannen der Konstruktion anzusetzen. Wir haben uns deshalb die Sache mit einer Verleimhilfe erleichtert. Dafür wird auf einem ausreichend großen Brett die Kontur des Seitenteils aufgezeichnet. An den entscheidenden Stellen, nämlich an den Positionen der

Zunächst schneidet man die benötigten Leisten vom Kiefer-Leimholz ab und längt sie in der Gehrungssäge exakt ab.

Zeichnen Sie auf einer Platte eine Regalseite vor, platzieren die Zulagen und verleimen die Hölzer.

Die Radien der Borde werden so aufgezeichnet, dass die Maserung parallel zur Kreiskante verläuft. Dann ausschneiden.

Die Löcher für die Spanplattenschrauben sollten Sie vorbohren, damit das Material beim Eindrehen nicht reißt.

Verleimen und verschrauben Sie die Borde mit den Seiten. Die hintere Ecke zwischen den Seiten bleibt offen.

Eine Seite der Spitze ist um die Materialstärke breiter als die andere. So lassen sich die Teile stumpf verschrauben.

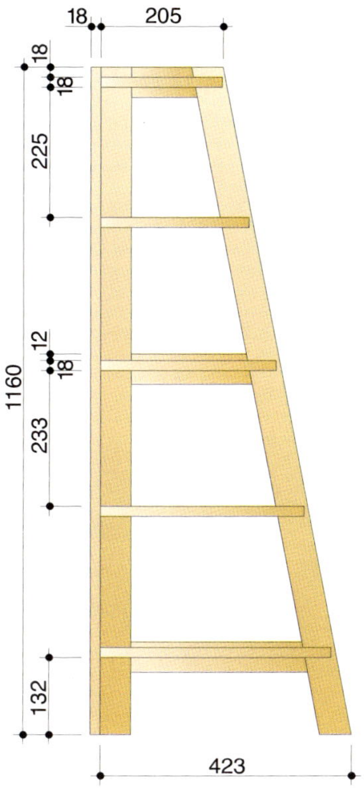

Vorderansicht

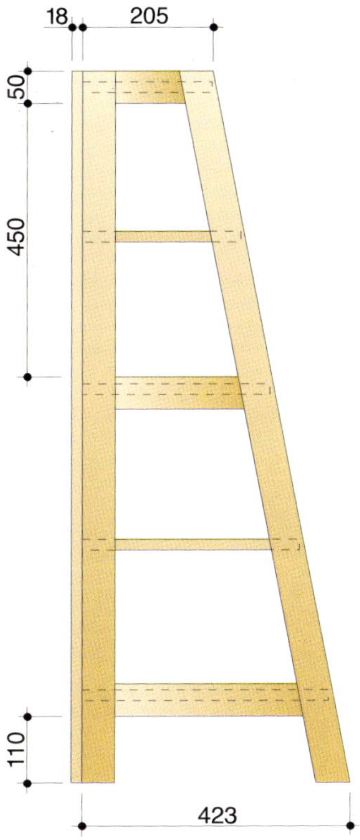

Seitenansicht

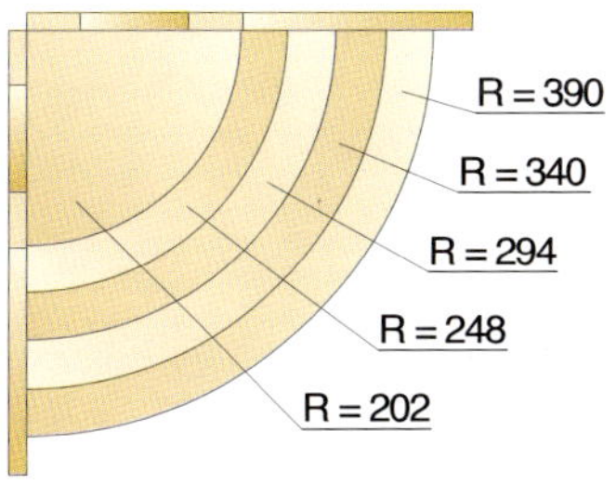

Draufsicht

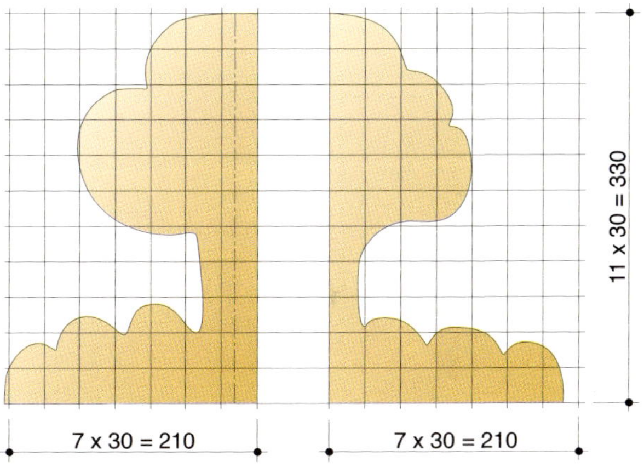

Aufsatzteile für Pflanzenregal

Querstreben, schraubt man Restholz-Klötzchen auf die Platte, die im Winkel passend zum Verlauf der schräg verlaufenden Stütze zugeschnitten sind. Nun kann man die einzelnen Teile passend anlegen, Leim angeben und die Konstruktion gegen die Klötzchen verspannen. Wie das aussieht, zeigt links unser Foto 2.

Das Anzeichnen der Viertelkreise für die Regalböden ist einfacher, als es aussieht, muss aber möglichst präzise erfolgen. Sie brauchen nicht unbedingt den abgebildeten Schreinerzirkel – wenn Sie eine ruhige Hand haben, können Sie auch einen Nagel in die Unterlage schlagen und daran mit einem Stück Schnur im passenden Abstand einen Bleistift verknoten. Beim Anzeichnen kommt es dann lediglich darauf an, dass Sie den Bleistift immer genau senkrecht halten. Ausgeschnitten wird die Rundung dann mit der Stichsäge. Schalten Sie am Gerät – soweit vorhanden – den Pendelhub aus und führen Sie die Säge langsam und ruhig. Kleine Ungenauigkeiten lassen sich anschließend noch mit Schleifpapier beseitigen.

Pflanztrog gießen

Sieht man sich die Preise für Tröge aus Naturstein an, holt man unwillkürlich tief Luft. Unser Trog aus Beton ist ähnlich schön und dabei sehr preiswert.

Bei diesem Pflanztrog gibt es eigentlich nichts, was teuer wäre. Für die Form haben wir ein gebrauchtes Packset XL der Post verwendet, die Materialien für die Betonmischung kommen nur auf wenige Euro. Das Ergebnis muss sich dennoch nicht vor fertig gekauften Trögen verstecken.

Wenn Sie den Karton mit Folie ausschlagen, können Sie ihn auch noch einmal wiederverwenden, etwa um eine kleine Serienproduktion zu starten. Den Kern, der den Hohlraum des Trogs freihält, müssen Sie in jedem Fall verpacken, denn er besteht aus mindestens drei Teilen: Obenauf liegt ein Stein zum Beschweren, darunter werden mindestens zwei Styroporstücke platziert. Zwei sollen es deshalb sein, weil sich der Kern nach dem Guss in Einzelteilen erheblich einfacher entfernen lässt. Verwenden Sie keinen zu schweren Stein. Er soll lediglich das Aufschwimmen beim Einfüllen des Betons verhindern, darf dabei aber die Bodenschicht nicht eindrücken.

Auf dem großen Foto links sehen Sie, dass der Trog zwei Füße besitzt. Füllen Sie dafür den vom Gießen des Trogs übrigen Beton in passende Formen – Eisverpackungen eignen sich gut.

Material

- 10 l (ein Eimer voll) Zement, 10 l Sand, 10 l Kokosfasern (aus einem eingeweichten Kokosfaserriegel, wie er im Regal mit den Pflanzerden angeboten wird).
- Styropor, Pappkarton, Folie, Wäscheklammern.
- Gießkanne, Eimer, Schubkarre oder großes Mischgefäß, Drahtbürste, Maurerkelle, Bohrmaschine.

Zement, Sand und Kokosfasern werden zunächst trocken mit der Kelle oder einer kleinen Handschaufel vermischt.

Das Gemisch gründlich mit Wasser vermengen, bis ein einheitlich erdfeuchter Brei entsteht.

Von dieser Mischung füllen Sie eine 5 cm hohe Schicht in einen Karton (hier ein Post-Packset Größe XL), der mit Folie …

… ausgeschlagen ist. Für den Wasserabzug drücken Sie zwei oder drei Styroporstücke in die Schicht.

Nun legen Sie den Kern ein. Er besteht aus Styropor-Resten und einem Stein zum Beschweren. Rundum muss 5 cm …

… Platz für die Wände bleiben. Mit einem Stein beschweren und den Beton einfüllen. Dabei immer wieder mit …

… einem Holz stampfen, damit sich keine Hohlräume bilden. Den Rand mit der Kelle glätten. Nach 18 bis 24 …

… Stunden können der Kern und der Karton vorsichtig entfernt werden.

Die Ecken und Kanten werden abgerundet. Tragen Sie Handschuhe, denn der Zement greift die Haut an.

Beim Abbürsten mit einer Drahtbürste erhalten die Flächen eine einheitliche Farbe und Struktur.

Wo Sie die Styroporstückchen eingelegt haben, können Sie nun die Abzugslöcher freibohren.

Nach dem endgültigen Aushärten wird bepflanzt: zunächst eine Drainageschicht, dann die Erde einbringen.

Damit das Pflanzgefäß später ausreichend stabil ist, sollten die Wände mindestens 5 cm dick sein. Mögen Sie es rustikaler, können Sie – natürlich mit mehr Betonmischung – auch dickere Wände herstellen.
Apropos Betonmischung: Wir haben hier Kokosfasern beigemischt. Sie tragen zur Stabilität der Wände bei, machen sich aber auch an der Oberfläche durch eine interessante Struktur bemerkbar. Sie erhalten gepresste Kokosfasern in Gartencentern oder in der Gartenabteilung Ihres Baumarkts. Dort werden sie als Beigabe zur Bodenverbesserung angeboten. Vor dem Verarbeiten müssen Sie die Presslinge erst mit Wasser quellen lassen, anschließend werden die Fasern durchgesiebt und dadurch aufgelockert.
Das gezeigte Modell kommt ohne Stahlbewehrung aus. Erst wenn Sie deutlich größere Exemplare herstellen möchten, sollten Sie Armierungseisen im Längsverlauf der Wände einlegen. Dann sollten die Wände auch auf jeden Fall dicker werden, da sie sonst unharmonisch wirken.
Ebenfalls bei größeren Trögen bietet es sich an, den Sand in der Betonmischung ganz oder teilweise durch Blähton zu ersetzen. Damit reduziert sich das Gewicht ein wenig – beim Versetzen werden Sie dankbar für jedes Gramm weniger sein.
Beton lässt sich übrigens auf Wunsch in der Masse einfärben. Geeignete Betonfarben finden Sie im Baustoffhandel oder in gut sortierten Baumärkten. Die äußere Gestalt können Sie aber auch mit einer viel einfacheren Methode verändern: Wenn Sie die äußeren Flächen mit Joghurt oder Buttermilch bestreichen, siedeln sich darauf sehr schnell Moose oder Flechten an und bilden eine ansprechende grüne Pflanzen-Patina. Finden Sie diese Methode ein wenig unappetitlich, dann warten Sie einfach etwas länger ab – der grüne Bewuchs kommt auch von alleine.

Blumentöpfe im Shabby-Chic

Zusammen mit Pflanzen entfaltet der Eindruck jahrelanger Abnutzung einen ganz eigenen Charme.

Wer bei „shabby" an „schäbig" denkt, liegt gar nicht falsch, denn das ist eine der Wortbedeutungen. Andere lauten „fadenscheinig", „ramponiert" oder „abgenutzt". Wie man den Begriff auch immer übersetzt, der Shabby-Chic ist einer der erfolgreichsten Deko-Trends der letzten Jahre. Bei den entsprechend behandelten Gegenständen kommt es in erster Linie darauf an, dass sie wie in Würde gealtert erscheinen und das auf möglichst authentische Weise – ganz gleich, ob es sich um Möbel, Wohnaccessoires oder wie hier um Pflanzgefäße handelt.

Material

- Blumentöpfe, am besten sind neu gekaufte zu bearbeiten.
- Acrylfarbe in deckenden, vorzugsweise dunklen Tönen, wasserfester Holzleim, feiner Sand.
- Werkzeug: Pinsel für wasserbasierte Farben (Acrylfarbenpinsel), Schleifpapier, Schleifpad oder Schleifschwamm, Drahtbürste, Schwamm.

Was bei der Inneneinrichtung neben sichtlich kostspieligem anderem Interieur zuweilen sehr gewollt wirkt, ergibt im Garten zwischen Pflanzen sofort einen Sinn: Der Charakter der Töpfe scheint von Wind und Wetter geprägt wie das Umfeld.
Es erscheint vielleicht ein wenig widersinnig, aber am besten eignen sich nagelneue Gefäße für die Behandlung. Farbe und Leim haften darauf am besten. Teuer müssen sie allerdings nicht sein, Sie können ohne weiteres die preiswerten Blumentöpfe vom großen Stapel im Gartencenter verwenden. Sie sind dort schon für weniger als einen Euro pro Stück erhältlich. Möchten Sie dagegen gebrauchte Kübel oder Töpfe behan-

Das Material auf einen Blick. Am besten eignen sich neue Töpfe. Gebrauchte erst gründlich reinigen!

Zunächst grundiert man den Topf mit dunkler Acrylfarbe. Ein erdiger Braunton passt sehr gut.

Nach dem Trocknen wird die Farbe hier und da durchgeschliffen. Wir haben einen Schleifschwamm verwendet.

Mit einem Pinsel tragen Sie ganz nach Gefühl an einigen Stellen oder auch fast vollflächig den Holzleim auf.

Solange der Leim feucht ist, bestreut man ihn mit Sand und lässt anschließend das Ganze trocknen.

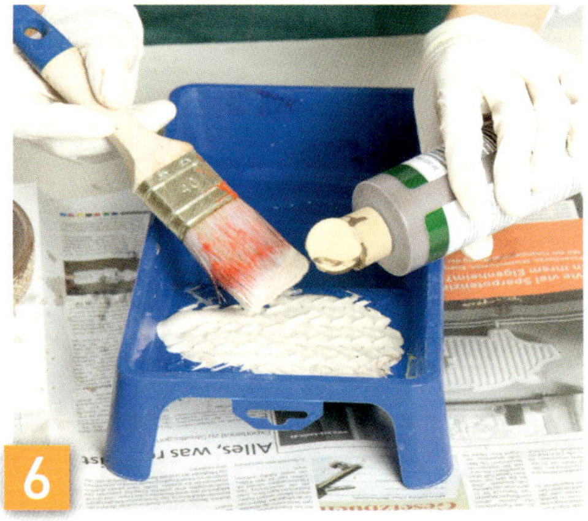

Mischen Sie nun hellere und dunklere Farbe und verdünnen Sie sie mit Wasser – so deckt die Farbe nicht vollständig.

Die leicht durchscheinende Farbmischung trägt man auf den Sand auf und lässt sie wieder trocknen.

Nun kommt die Drahtbürste zum Einsatz: Tragen Sie einige Stellen damit bis zur Grundierung ab.

Zum Schluss wird mit einem Schwamm abwechselnd helle und dunkle Farbe auf die Oberfläche getupft.

Der Topf sieht aus, als sei er in vielen Jahren des Gebrauchs gealtert.

deln, sollten Sie sie erst reinigen und dabei Ausblühungen oder Algenbewuchs mit einer harten Bürste unter fließendem Wasser entfernen.
In unserem Beispiel haben wir mit Brauntönen gearbeitet. Sie passen sehr schön ins grüne Umfeld. Es spricht allerdings auch nichts dagegen, Versuche mit einem sehr dunklen Blau oder Rot zu unternehmen. Gefällt das Ergebnis nicht, dann ist nicht viel verloren – übrigens auch nicht viel Arbeitszeit. Zwar sollte man für die Herstellung der Shabby-Töpfe mit etwa zwei Tagen vom Beginn bis zur Fertigstellung rechnen, das meiste davon entfällt jedoch auf die Trocknungszeiten von Farbe und Leim. Sinnvoll ist es deshalb, mit der Produktion gleich in Serie zu gehen und immer mehrere Töpfe zu behandeln. Sie bilden zusammen hübsche Ensembles und eignen sich bepflanzt auch gut als individuelles Geschenk.

Sichtschutz

Zugegeben: Sehr dekorativ wirkt der Sichtschutz zunächst nicht. Das ändert sich aber ganz fix, sobald die Kletterpflanzen ihn erobert haben.

Nur etwa einen Arbeitstag müssen Sie investieren, um mit unserem Rankgitter die Basis für einen dekorativen grünen Sichtschutz zu schaffen. Teuer ist es auch nicht: Die Materialkosten liegen bei unter 100 Euro.

Allerdings sollten Sie in jedem Fall zu zweit sein – das erleichtert viele Arbeitsschritte, angefangen bei der Handhabung der großen Gitterzaunmatte bis hin zum Einsetzen des Rahmens in die Bodenhülsen.

Etwas knifflig ist das Einfädeln der offenen Drahtstücke in die zugehörigen Bohrungen der Rahmenhölzer. Hier macht es sich bezahlt, wenn Sie die Bohrungen genau ausgemessen und markiert haben. Selbst dann kann es passieren, dass Sie ein Holz auf den Draht gesteckt haben und es beim Einfädeln des nächsten Rahmenteils wieder davon abrutscht. Das können Sie verhindern, wenn Sie Holz und Gitter provisorisch mit Kabelbindern aneinander sichern.

Für den Rahmen verwendet man am besten ein von Natur aus wetterbeständiges Holz. Seine Lebensdauer können Sie noch verlängern, indem Sie es mit einer Wetterschutzlasur oder einem pigmentierten Ölanstrich behandeln. Pigmente sollte der Anstrich deshalb enthalten, weil dem Holz vor allem Gefahr durch den UV-Anteil des Sonnenlichts droht.

Zum Holzschutz gehört auch, dass die Pfosten nicht direkt mit dem Erdreich in Berührung kommen. Wir haben deshalb Pfostenhülsen zum Einschlagen verwendet – sie geben Halt und schaffen Distanz zum feuchten Boden.

Material

- Gitterzaun-Element in einer für die örtlichen Gegebenheiten passenden Größe, möglichst wetterbeständige Kanthölzer (im Beispiel Douglasie) im Querschnitt von etwa 8 x 8 bis 10 x 10 cm, die Längen richten sich nach den Zaunmaßen, Pfosten-Einschlaghülsen, nichtrostende Schrauben.
- Werkzeug: Winkelschleifer, Akkubohrschrauber, Bohrmaschine mit Bohrständer, Vorschlaghammer, Zwingen, Feile, Wasserwaage, Markierstift.

Für die Befestigung am Holz brauchen Sie offene Drahtenden. Markieren Sie rundum die Stellen, an denen die Streben durchtrennt werden sollen.

Die kräftigen Drähte lassen sich mit dem Winkelschleifer leicht durchtrennen. Tragen Sie dabei besser alte Kleidung und eine Schutzbrille.

Die offenen Enden sind nicht mehr beschichtet. Sie werden mit der Feile entgratet und mit Rostschutz versehen.

In die Rahmenteile setzen Sie nun Bohrungen im Abstand der offenen Drahtenden. Dafür müssen Sie zuvor genau messen und exakt markieren.

Die Eckverbindungen der Kanthölzer werden vorgebohrt. Zwingen halten sie dabei provisorisch zusammen.

Nun fädeln Sie die Drahtenden in die Bohrungen und verschrauben anschließend die Hölzer.

7

Legen Sie die Positionen der Pfosten fest und treiben dort Einschlaghülsen in den Boden.

8

Beide Hülsen sollten oben in einer Waagerechten fluchten, sonst steht der Sichtschutz später schief.

9

Nun kann man den Rahmen in die Hülsen stellen. Soll er mit Holzschutz behandelt werden, geschieht das am besten vorher.

10

Mit der Wasserwaage wird der Stand kontrolliert. Bei Bedarf den Rahmen an einer Seite durch passende Unterlagen bis zum Fixieren etwas anheben.

11

Die Einschlaghülsen besitzen seitliche Öffnungen. Bohren Sie dadurch bis ins Holz vor. Anschließend drehen Sie …

12

… Sechskantschrauben ein und ziehen sie fest. Eventuelle Unterlagen können Sie jetzt entfernen und ansonsten gleich mit dem Bepflanzen beginnen.

Holzlaternen

Stimmung an langen Sommerabenden verbreiten die schlanken Holzlaternen. Auch in der dunklen Jahreszeit setzen sie romantische Deko-Akzente.

Für nicht einmal 40 Euro Materialkosten lässt sich die große Laterne nachbauen, die kleine wird noch etwas günstiger. Dafür sollte Ihr Werkzeugbestand eine Oberfräse umfassen – damit werden die Zierprofile an Deckel und Boden hergestellt und die Nuten für die Verglasung gefräst. Wer häufig Holzarbeiten ausführt, wird wohl ohnehin schon mit diesem Elektrowerkzeug liebäugeln – die Anschaffung macht sich durch die vielfältigen kreativen Möglichkeiten der Maschine bezahlt.

Falls Sie eine Oberfräse weder anschaffen noch ausleihen möchten, können Sie die Platten ohne Verzierung belassen, die Laternen wirken dann eben etwas schlichter. Die benötigten Nuten für das Glas schaffen Sie, indem Sie die Holzmaße für die Stützen und Rahmen etwas kleiner wählen und dann je zwei schmale Leisten im Abstand der Glasstärke aufleimen. Dazwischen entstehen dann ebenfalls die benötigten Nuten. Zeichnen Sie sich in diesem Fall aber sicherheitshalber die Konstruktion vorher auf und notieren die Holzmaße an der Zeichnung – man gerät sonst schnell mit den kleinen Holzteilen durcheinander.

Das Grundgerüst der Laterne wird einfach verschraubt. Damit später von außen keine Schraubenköpfe zu sehen sind, haben wir Deckel und Boden zweiteilig ausgeführt. Die kleineren Platten schrauben Sie von außen an die senkrechten Stützen und anschließend von innen an die größeren.

Im Materialkasten links haben wir übrigens nur die Maße für die höhere Laterne angegeben. Das ist aber kein

Material (Maße in mm)

- Kiefer-Leimholz 18 dick: je 2 Platten 320 x 320 und 280 x 280, je 2 Türleisten 30 x 825 und 30 x 155; Kiefer-Leisten 40 x 40: 4 Eckstützen 828 lang; Glasscheiben 2 dick: 3x 826 x 180, 1x 785 x 115; 2 Scharniere 50 x 32; 1 Riegel; Spanplattenschrauben.
- Oberfräse, Bohrmaschine, Akkuschrauber, Lochsäge, Zwingen, Gehrungssäge.

Die Kanten von Boden und Deckel werden mit der Oberfräse nach Wunsch profiliert.

Für die Befestigung der vier Stützen bohrt man die kleineren Platten vor.

In den Deckel wird mit der Lochsäge eine Öffnung geschnitten, damit die Luft in der Laterne zirkulieren kann.

Die Stützen erst auf dem Deckel platzieren. Rechts sehen Sie schmale Leisten. Sie werden mit Zwingen an die ...

... Platten gespannt und dienen als Anschläge, damit alle Stützen den gleichen Abstand vom Rand halten.

Im Detail: Die Stütze besitzt gefräste Nuten, in die die Glasscheiben eingesetzt werden.

Die Leisten für den Türrahmen auf Gehrung schneiden und ebenfalls mit Nuten für das Glas versehen.

Den Rahmen versieht man mit wasserfestem Leim und fixiert ihn bis zum Abbinden mit Klebeband.

Beim Markieren und Anbringen der Scharniere und des Schließhakens hält ein Abstandsplättchen unten einen Luftspalt frei.

Problem: Möchten Sie die kleinere Laterne bauen, ziehen Sie von allen vertikalen Maßen einfach 150 mm ab. Am Beispiel der Stützen haben wir das schon einmal vorgerechnet und dieses Bauteil in der Zeichnung rechts entsprechend beschriftet.
In der Laterne wirken hohe, dicke Kerzen am dekorativsten. Man erhält sie als sogenannte Altarkerzen im Handel. Sie brauchen in jedem Fall genug Luft. Damit die Luftzufuhr durch die Spalten rund um die Tür auch sicher funktioniert, haben wir in den Deckel der Laterne eine 85 mm große Bohrung eingebracht. Sie lässt sich mit einer Lochsäge in der Bohrmaschine rasch herstellen. Der Zentrierbohrer der Lochsäge wird an der Stelle angesetzt, an der sich die Diagonalen der quadratischen Platten kreuzen. Wichtig dabei: Durchbohren Sie die kleine und die große Kopfplatte gleichzeitig, denn ein Versatz zwischen beiden Bohrungen wirkt nicht schön. Die Laternen sind nicht dazu gedacht, bei Wind und Wetter im Freien zu stehen. Ein wenig Schutz braucht das Holz trotzdem, beispielsweise, um Verschmutzungen abzuweisen. Hierfür genügt ein zweifacher Klarlack-Auftrag. Zwischen den beiden Anstrichen schleifen Sie die Stücke leicht mit feinem Schleifpapier und entstauben sie anschließend gründlich. Dann wird die Oberfläche besonders schön.
Der Lack sollte übrigens vor der Endmontage aufgetragen werden, dann kommt man am besten in alle Ecken und Winkel. Flächen, die verleimt werden sollen, also die Enden der Türrahmen-Leisten, dürfen natürlich nicht lackiert werden.

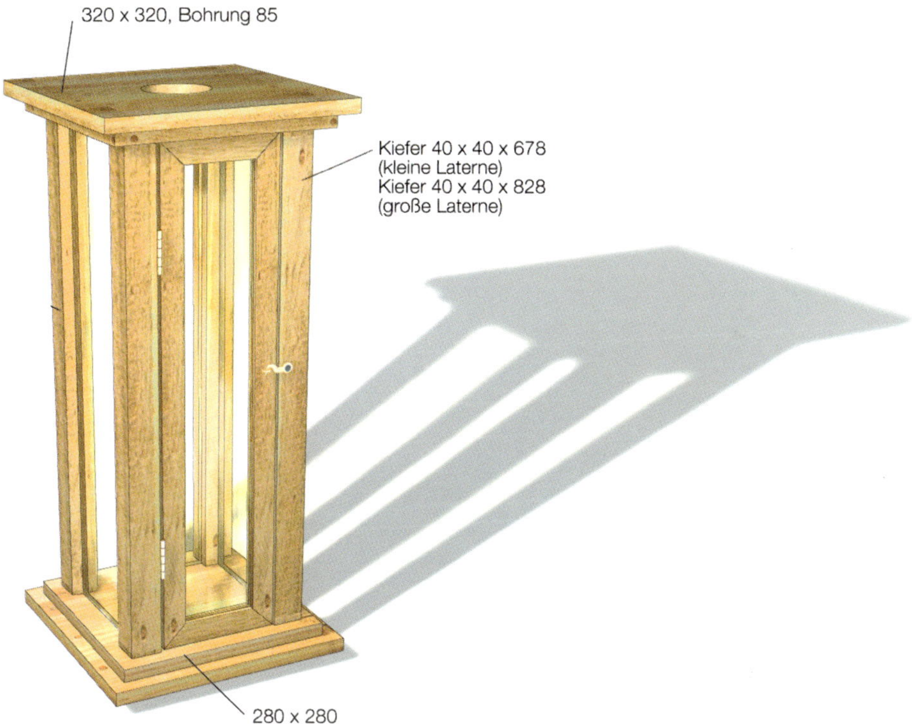

Dekorative Baumscheiben

Aus rohen, sägerauen Baumscheiben lassen sich sehr ansprechende Dekorationen herstellen.

Material

- Scheiben von Baumstämmen in möglichst frischem Zustand; Stärke nicht zu dick wählen – das Holz muss sich noch mit der Stichsäge ausschneiden lassen.
- Papier für Schablonen, Schnur zum Aufhängen, Teelichter.
- Bohrmaschine im Bohrständer, Stichsäge mit langen Sägeblättern, Exzenterschleifer, Forstnerbohrer, Lineal, Bleistift.

Allzu schwer ist die Herstellung der rustikalen Zierstücke nicht. Kniffliger kann die Materialbeschaffung werden, denn die Scheiben sollten möglichst frisch sein. Dann ist die Gefahr geringer, dass sich bereits Trocknungsrisse im Material gebildet haben, die das Anlegen und Ausschneiden vieler Motive erschweren. Deshalb sollten Sie das Material auch bis zur Verarbeitung feucht halten. Besprühen Sie die Scheiben vor dem Aussägen regelmäßig mit Wasser oder lagern Sie sie feucht in einem geschlossenen Plastiksack, etwa einer Mülltüte. Um an die benötigten Rohlinge zu kommen, sollten Sie die Augen offen halten: Wird in der Nachbarschaft ein Baum gefällt, schneidet Ihnen der Fälltrupp gegen ein kleines Trinkgeld meist gerne einige Scheiben ab. Das Einverständnis des Nachbarn holt man natürlich ebenfalls ein. Geeignete Anlaufstellen können auch Sägewerke sein oder Kaminholz-Händler, die Rohware selbst verarbeiten. Und schließlich lohnt es sich, den örtlichen Förster anzusprechen.
Die Scheiben sollten übrigens nicht zu dick sein. Überprüfen Sie, welche Stärke Sie mit dem längsten erhältlichen Stichsägeblatt noch problemlos bearbeiten können. Zum Ausschneiden gerundeter Formen sollten Sie übrigens kein Kurvensägeblatt verwenden. Diese schmalen Blätter verlaufen zu leicht in dickem Material, der Schnitt ist dann nicht mehr senkrecht.

Zeichnen Sie die auszuschneidende Form erst auf Papier vor, schneiden sie dann aus und übertragen sie aufs Holz.

In die Innenecken des Sterns werden Löcher gebohrt. Der Durchmesser muss so groß sein, dass das Sägeblatt der Stichsäge hindurch passt.

Nun können Sie die Säge jeweils in einer Bohrung ansetzen. Sägen Sie bis zur Sternspitze und setzen dann neu an.

Das Holz darf nicht dicker sein als die maximale Schnitttiefe eines extralangen Sägeblatts.

Die Zacken verbreitert man soweit, dass von den vorgebohrten Löchern nichts mehr zu sehen ist.

In den ausgeschnittenen Stern bohren Sie mit einem 40-mm-Forstnerbohrer Öffnungen für Teelichter.

Die Baumscheiben-Dekoration lebt zwar von ihrem urwüchsigen Charme, trotzdem kann es sinnvoll sein, das Material vor dem Verarbeiten zu glätten. Etwa dann, wenn wie im Beispiel oben der innere Teil ebenfalls genutzt werden soll. Zum Schleifen eignet sich dann ein Exzenterschleifer besonders gut, da er den besten Kompromiss zwischen Abtragsleistung und Oberflächengüte erzielt. Sie können zwar auch mit einem Schwingschleifer arbeiten, dann werden Sie aber einige Zeit investieren müssen, bis die sägeraue Fläche halbwegs glatt ist.

In Bild 5 sehen Sie, dass nach dem eigentlichen Zuschnitt das Motiv noch einmal nachgeschnitten werden muss, bis die Löcher für das Einsetzen des Sägeblatts entfernt sind. Von diesem Arbeitsgang sollten Sie sich nicht abschrecken lassen – in der bereits offenen Form zu sägen, fällt deutlich leichter als der erste Zuschnitt.

Für den hölzernen „Scherenschnitt" zeichnen Sie ebenfalls die Motive erst auf Papier und übertragen sie aufs Holz.

Rundum markieren Sie noch einen Kreis und bohren dann wieder an den Motiven Löcher für das Sägeblatt.

Bei dieser Art Motiv bricht leichter etwas aus. Zur Sicherheit legt man beim Schneiden deshalb eine dünne Holzplatte unter.

Wie gehabt setzen Sie die Säge an den Löchern an und sägen von dort aus weiter.

Zum Schluss wird der Rand ausgeschnitten. Das Restholz lässt sich dann einfach herausdrücken.

Ein Stück Seil passt als Aufhänger gut zu der rustikalen Dekoration.

Ein Motiv auszuschneiden, das mit dem übrigen Holz verbunden bleibt, ist etwas anspruchsvoller. Damit es interessant wirkt, sollte die Form ein wenig filigraner und detaillierter sein. Um hier Ausbrüche beim Sägen zu vermeiden, haben wir eine stabilisierende Sperrholzplatte untergelegt, die mit ausgeschnitten wird.

Keine großen Sorgen müssen Sie sich dagegen wegen der Trockenrisse machen, sobald Sie mit dem Ausschneiden des Motivs beginnen. Die hergestellten Öffnungen verhindern den Aufbau allzu starker Spannungen beim Trocknen.

Im Beispiel oben erkennt man übrigens sehr schön, wie sich die Struktur des Holzes in die Gestaltung einbeziehen lässt: Die Grenze zwischen dem umlaufenden Kranz und dem eigentlichen Motiv verläuft auf der Linie zwischen dem rötlichen Kernholz und dem helleren Splintholz. So setzen sich Baum und Stern deutlich vom übrigen Holz ab, obwohl alles aus einem Stück besteht.

Impressum

Text: Hans Altmeyer
Redaktion: Angelika Klein
Produktion: Derby Verlag & Medien GmbH, Köln
Umschlaggestaltung: Grafikwerk Freiburg
Reproduktion: Meyle + Müller GmbH, Pforzheim
Druck und Verarbeitung: Gruppo Editoriale Zanardi SRL, Italy

Fotos und Illustrationen: selbst ist der Mann / Archiv / Hersteller
© Heinrich Bauer Zeitschriften Verlag KG

ISBN 978-3-95440-007-2
Art.-Nr. HW40007

Der Verlag hat die größtmögliche Sorgfalt walten lassen, um sicherzustellen, dass alle Angaben korrekt sind. Eine Garantie kann dennoch nicht übernommen werden, ebenso ist eine Haftung des Verlages und seiner Beauftragten für Personen-, Sach- und Vermögensschäden ausgeschlossen. Die gezeigten Materialien sind zeitlich unverbindlich. Der Verlag übernimmt für Verfügbarkeit und Lieferbarkeit keine Gewähr und keine Haftung.

Farbe und Helligkeit der in diesem Buch gezeigten Materialien können von den jeweiligen Originalen abweichen. Die bildliche Darstellung ist unverbindlich. Der Verlag übernimmt keine Gewähr und keine Haftung.